BEI GRIN MACHT SICH IHR
WISSEN BEZAHLT

- Wir veröffentlichen Ihre Hausarbeit,
  Bachelor- und Masterarbeit

- Ihr eigenes eBook und Buch -
  weltweit in allen wichtigen Shops

- Verdienen Sie an jedem Verkauf

Jetzt bei www.GRIN.com hochladen
und kostenlos publizieren

Trinus Bußmann

Umrechnung Dezimal in Dual mit Hilfe vom Reste- und Zerlegeverfahren

GRIN Verlag

Bibliografische Information der Deutschen Nationalbibliothek:

Die Deutsche Bibliothek verzeichnet diese Publikation in der Deutschen National-
bibliografie; detaillierte bibliografische Daten sind im Internet über http://dnb.d-
nb.de/ abrufbar.

Impressum:

Copyright © 2010 GRIN Verlag GmbH
Druck und Bindung: Books on Demand GmbH, Norderstedt Germany
ISBN: 978-3-640-80264-7

Dieses Buch bei GRIN:

http://www.grin.com/de/e-book/161561/umrechnung-dezimal-in-dual-mit-hilfe-
vom-reste-und-zerlegeverfahren

GRIN - Your knowledge has value

Der GRIN Verlag publiziert seit 1998 wissenschaftliche Arbeiten von Studenten, Hochschullehrern und anderen Akademikern als eBook und gedrucktes Buch. Die Verlagswebsite www.grin.com ist die ideale Plattform zur Veröffentlichung von Hausarbeiten, Abschlussarbeiten, wissenschaftlichen Aufsätzen, Dissertationen und Fachbüchern.

Besuchen Sie uns im Internet:

http://www.grin.com/

http://www.facebook.com/grincom

http://www.twitter.com/grin_com

Unterrichtsentwurf

2. Unterrichtsbesuch (UB I) (Fachleiter/in) ☐ Prüfungsunterricht I (PU I)

Unterrichtsbesuch (UB II) ☐ Prüfungsunterricht II (PU II)

Wochentag/Datum/Uhrzeit: Donnerstag 04.03.2010 14.00 – 14.45 Uhr

Studienreferendar/in:	Trinus Bußmann
Referendargruppe:	
Fachleiter/in (Fachrichtung):	
Fachleiter/in (Unterrichtsfach):	
PS-Vertreter/in:	
Vorsitzende/r (PUI/PUII):	
Fachlehrer/in:	
Schulleiter/in:	

Angaben zur Klasse

- Kurzbezeichnung:
- Ausbildungsberuf/Schulform:
  (BS-Teilzeit,BFS,BGJ,BS,BVJ,FGy,FOS) Berufsfachschule Mechatronik
- Schülerzahl: 13
- Schule/Ort/Standort:
- Raum: W16

Fachrichtung oder Unterrichtsfach: (Bezeichnung im Seminar)	Fachtheorie Elektrotechnik
Unterrichtsfach/Lernfeld:	Grundlagen Elektrotechnik / Lernfeld 4
Unterrichtsgebiet:	Automatisierungstechnik
Unterrichtsthema:	Umrechnung Dezimal in Dual mit Hilfe vom Reste- und Zerlegeverfahren

Inhaltsverzeichnis　　　　　　　　　　　　　　　　　　　　Seite

1 Lehr- und Lernbedingung

Bei der BFEMA1 handelt es sich um eine einjährige Vollzeitschulform in der Berufsfachschule Mechatronik. Sie setzt sich aus einer Schülerin und 12 Schülern[1] zusammen. Ein Schüler besitzt den Hauptschulabschluss (10. Klasse), sechs den normalen Realschulabschluss (Sek. 1), vier den erweiterten Realschulabschluss (Sek. 2) und drei das Abitur (allgemeine Hochschulreife. Die Altersstruktur der Lerngruppe liegt zwischen 16 und 22 Jahren. Das bisher gezeigte Lernverhalten der Klasse ist als gut einzustufen. Zum Leistungsvermögen kann aufgrund der geringen Stundenzahl, die bisher unterrichtet wurde, noch keine aussagekräftige Angabe vorgenommen werden.

Aufgrund erster Eindrücke sind die Schüler x, x, x und x als leistungsstärker einzustufen. Bei x und x hängt es mit dem fortgeschrittenen Alter zusammen. Sie weisen eine Vielzahl an guten Wortbeiträgen auf und treiben Gruppenarbeiten voran. Tendenziell sind die Leistungen der übrigen Schüler als befriedigend bis gut einzustufen. Mangelhafte oder ungenügende Leistungen sind bislang nicht wahrnehmbar. Bezüglich mangelnder Konzentrationsfähigkeit und Ausdauer gab es ebenfalls keine Auffälligkeiten. Die geringe Klassenstärke ermöglicht eine gute Beobachtung und Betreuung der einzelnen Schüler.

Fachkompetenz: Die Schüler haben sich durch vorherige Unterrichtsstunden den Unterschied der drei Zahlensysteme (Dezimal, Dual und Hexadezimal) erarbeitet. Das Umrechnen vom Dual in Hexadezimal und Dual in Dezimalsystem ist in den vorherigen Stunden erarbeitet und durch Hausaufgaben vertieft worden.

Methodenkompetenz: Mit der Bearbeitung von Arbeitsaufträgen (Problemstellung aus der Arbeitswelt), haben die Schüler keine oder nur wenig Erfahrung. Durch die Sozialform Gruppenarbeit und Ansätze vom Gruppenpuzzle arbeiten die Schüler sehr gut zusammen. Das Vorstellen, Experte auf einem Gebiet zu sein bzw. sich zu erarbeiten, wurde von den Schülern sehr gut umgesetzt. Die Präsentation der einzelnen Gruppen wurde mit guten und verständlichen Ergebnissen dargestellt. Das Vertiefen von Präsentationen wurde sehr gut angenommen und umgesetzt. Einige Schüler hatten wenig bis gar keine Erfahrungen. Die Schüler sind in der Lage einen Arbeitsauftrag abzuarbeiten, sich neue Informationen zu erschließen und diese wiederzugeben. Am Zeitmanagement für die Aufgaben muss jedoch noch gefeilt werden.

Sozialkompetenz: Es herrscht grundsätzlich eine angenehme Lern- und Arbeitsatmosphäre. Der Umgangston ist freundlich und offen. Im Unterricht ist zu beobachten, dass sich die Schüler gegenseitig akzeptieren und respektieren. Die fachlich stärkeren Schüler unterstützen ihre Mitschüler bei den Einzelaufgaben. Allgemein ist bei der Gruppenarbeit- und Präsentationsphase bislang keine unkonzentrierte Handlung einzelner Schüler zu beobachten gewesen.

2 Verhältnis zur Lerngruppe

Ich unterrichte diese Lerngruppe seit Beginn des zweiten Schuljahres 2009/10 zwei Stunden pro Woche eigenverantwortlich. Ich fühle mich, soweit dies in so kurzem Zeitraum möglich ist, von der Klasse als Lehrkraft akzeptiert. Meine Kompetenzen zu diesem Unterrichtsgebiet habe ich durch meine Ausbildung

---

[1] Im Folgenden wird zu Gunsten des Leseflusses auf die explizite Nennung der weiblichen Form verzichtet.

und das anschließende Ingenieursstudium erhalten. Durch eigenes Literaturstudium wurden die Erfahrungen aufgefrischt oder die Materie vertieft.

3   Herleitung des Stundenthemas aus den curricularen Bedingungen

Für die Berufsfachschule -Mechatronik- ist der Rahmenlehrplan -Berufsfeld Elektrotechnik- nach Beschluss der Kultusministerkonferenz vom 30.01.1998 maßgebend[2]. In dieser Unterrichtseinheit lernen die Schüler den Zusammenhang zwischen den einzelnen Zahlensystemen kennen, welches der Grundbaustein für den weiteren Verlauf der Makrosequenz (s. Kap. 4) ist.

Im Rahmenlehrplan zum Lernfeld 4 „Untersuchen der Energie- und Informationsflüsse in elektrischen, pneumatischen und hydraulischen Baugruppen" ist dieser inhaltliche Schwerpunkt der Stunde explizit mit einem Lernziel ausgewiesen: „(...)Die technischen Parameter für den Betrieb von elektrischen, pneumatischen und hydraulischen Baugruppen (...) Inhalte: (...) Größen, deren Zusammenhänge, Darstellungsmöglichkeiten und Berechnungen (...)"[3].

Diese Vorkenntnisse sollen weitergeführt werden und als Grundlage für logische Verknüpfungen zur Steuerung von Systemen dienen.

4   Makrosequenz

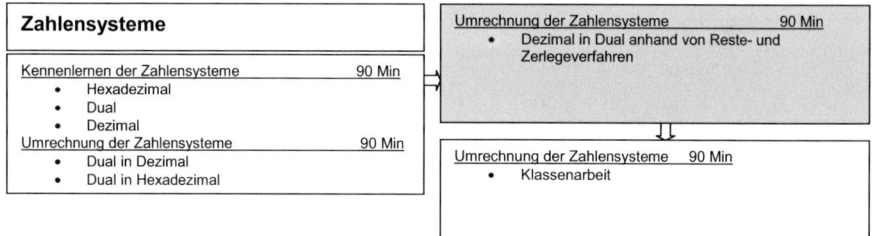

5   Beschreibung der Lernziele

Stundenlernziel: Die Schüler sollen sich anhand von einem praktischen Bsp. zwei Umrechnungsmethoden (Reste und Zerlegungsverfahren) erarbeiten und damit Dezimalzahlen in Dualzahlen umrechnen.

Stundenlernziele: Die Schüler sollen...

(FK1)...die Zahlensysteme kennen lernen, indem Sie das Bsp. aus dem Praxisbezug bearbeiten.

(FK2)...die Umrechnung erklären können, indem Sie sich mit dem Verfahren auseinander setzen.

(FK3)...die gewonnenen Erkenntnisse vertiefen, indem sie ihre Ergebnisse im Plenum präsentieren.

(FK4)...das Erlernte umsetzen, indem sie die Fragen auf dem Arbeitsblatt beantworten.

(MK1)...auf ihrem Gebiet „Experte" werden, indem Sie lernen sich Informationen selbstständig und als Gruppe zu erarbeiten.

(MK2)...ihre Präsentationskompetenz stärken, indem sie die Ergebnisse im Plenum vorstellen.

---

[2] Rahmenlehrplan für den berufsfeldbezogenen Lernbereich in der Berufsfachschule, Berufsfeld Mechatronik
[3] Rahmenlehrplan für den berufsfeldbezogenen Lernbereich in der Berufsfachschule, Berufsfeld Mechatronik, Beschluss der Kultusministerkonferenz (1998), S.9.

(SK1)… in der Gruppenarbeit zielgerichtet arbeiten, indem sie in der gegebenen Zeit zügig gemeinsam an den Aufgaben arbeiten.

(SK2)…Informationen aufnehmen können, indem sie aufmerksam zuhören und zuschauen und die Beiträge der Mitschüler akzeptieren.

(SK3)…sollen erlernte Grundlagen aufrufen, indem sie kognitiv mitarbeiten.

6   Beschreibung der Lernerfolgskontrolle

Während der Erarbeitungsphase kann ich feststellen, ob die Schüler die Aufgaben als Gruppe erarbeiten und die entsprechenden Erkenntnisse gewinnen (FK1)

Ich kann beobachten, ob sie die Fragen auf den Arbeitsblättern beantworten und die richtigen Schlussfolgerungen ziehen (FK4).

Ich beobachte, ob sie gemeinsam die Lösung erarbeiten und sich nicht gegenseitig ablenken (SK1, SK2).

Die Methodenkompetenz wird bei der Präsentation der Ergebnisse dadurch deutlich, dass die Informationen vollständig sind und gut erklärt werden (MK2).

7   Anhang

- Geplanter Unterrichtsverlauf
- Stundenverlauf
- Sitzplan
- Anschreiben an Microsoft
- Anschreiben von Microsoft
- Erklärung der Mac-Adresse
- Aufgabenblatt
- Zerlege- und Resteverfahren

4

7.1 Anhang I: Geplanter Unterrichtsverlauf

Unterrichtsphase	Unterrichtsinhalt	Lernziele	Unterrichtsmethode	Medien
Einstiegsphase	L. begrüßt die Schüler und teilt diese an den Tischen auf. (2 Gruppen) L. fordert die Schüler auf, die bisher behandelten Themen auf ein Flip-Chart aufzuschreiben und zu erklären. L. stellt den Stundenverlauf auf einem Flip-Chart dar.	SK3	UG	Flipchart, Stifte u. Stellwand
Problematisierungsphase	L. präsentiert den S. die Aufgabe anhand eines Bsp.. (s. Anhang IV, V und VI) L. fragt die S. was getan werden muss, damit der Mac-Code vollständig wird. S. nennen die Umwandlung von Dezimal in Dual	SK2 SK3	Präsentation, UG	Schreiben (Anhang IV, V und VI) Pneumatikdarstellung und PC.
Erarbeitungsphase	L. erklärt den S., dass es zwei Verfahren (Restverfahren und Zerlegeverfahren) gibt, um Dezimalzahlen in Dualzahlen umzuwandeln. L. verteilt die Arbeitsaufträge (Restverfahren und Zerlegeverfahren) an die beiden Gruppen und fordert die S. auf, das Verfahren und den Bezug zur Aufgabe herzustellen und anschließend an einem Flip-Chart zu präsentieren. _Einstieg in den UB_ S. erklärt Herrn Stulken und Herrn Ehrlich den bisherigen Verlauf L. beobachtet die Schüler und gibt bei erkennbaren Schwierigkeiten Hilfestellung. S. setzen sich mit den Verfahren der Umrechnung auseinander. S. bereiten die Präsentationsfolien vor.	FK1, FK2, MK1, SK1	UG, GA, ST, UG, Lehrer als Berater	div. Fachbücher, Internet, Schreiben (Anhang IV, V und VI) Flip-Chart, Stifte u. Stellwand
Abbruch möglich				
Präsentationsphase	L. fordert die Schüler auf, ihre Ergebnisse auf einem Flipchart zu präsentieren. S. präsentieren ihre Ergebnisse vor der Klasse. Sie üben das freie Sprechen. L. stellt bei Bedarf entsprechende Kontrollfragen, damit die Schüler, den Rückschluss zum Arbeitsauftrag behalten.	FK3 MK2 SK3	Präsentation	Flip-Chart, Stifte u. Stellwand Schreiben (Anhang IV, V und VI)
Ergebnissicherung, Reflexion	S. übernehmen das Ergebnis der Umwandlung für die Mappe (s. Anhang VIII) Sollte genügend Zeit vorhanden sein: - L. fordert die S. auf, das Aufgabenblatt (s. Anhang VII) in Partnerarbeit zu lösen.	FK3	PA Lehrer als Berater	Anhang VII und VIII
Ende des Unterrichtsbesuchs				
Didaktische Reserve	S. präsentieren die Ergebnisse an der Tafel	FK3 MK2 SK3	ST, Präsentation	Tafel

Legende: Sozialformen: EA = Einzelarbeit, GA = Gruppenarbeit **Aktionsformen:** UG = Unterrichtsgespräch, SPrä = Schülerpräsentation, ST = Schülertätigkeit , PA =Partnerarbeit, f-e = fragend-entwickelnd **Medien:** AB = Arbeitsblatt, TA = Tafel / Tafelanschrieb, OHP = Overheadprojektor, **S.** = **Schüler/innen, L.**= **Lehrer, RS** = Rollenspiel

7.2 Anhang II: Stundenverlauf

<u>Stundenverlauf</u>

Thema: Umrechnung von Dezimal in Dual

- Wiederholung

- Arbeitsauftrag bearbeiten

- Gruppenarbeit :
  Erlernen 2er Methoden zur Umwandlung

- Ergebnisse präsentieren

- Ergebnissicherung

- Aufgabenblätter

7.3 Anhang III: Sitzplan

Sitzplan Raum W16

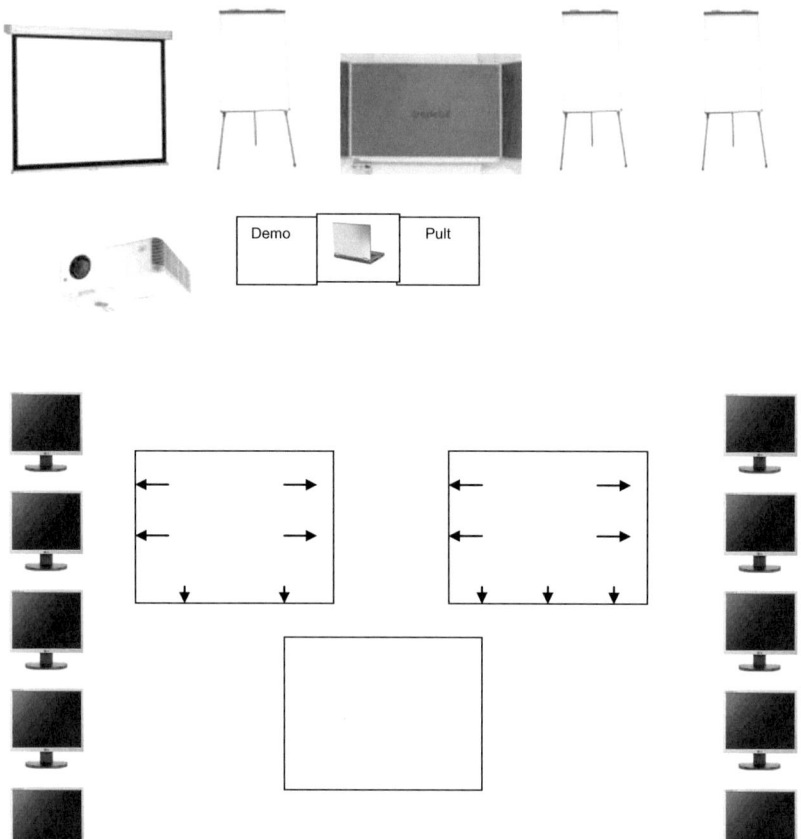

Demo   Pult

Besuch

Bewertung:

Plus - sehr gut -gut

Null - gut – befriedigend

7.4 Anhang IV: Anschreiben an Microsoft

M&Mm

Betrieb   Musterhausen, 01.02.2010

Max Mustermann

Musterstr. 7

77777 Musterhausen

Tel.: 0123 456789

Microsoft Deutschland GmbH

Konrad-Zuse-Straße 1

85716 Unterschleißheim

Sehr geehrte Damen und Herren,

ich habe ein Problem mit meinem Rechner und müsste schnellstmöglich das Problem beseitigt haben, da ich an einem Projekt zeitlich gebunden bin. Meine Aufgabe besteht darin eine Ablaufsteuerung zu automatisieren.

Ich hatte schon telefonischen Kontakt und Sie sagten mir, dass ich eine neue Mac-Adresse brauche.

Bitte senden Sie mir diese schnellstmöglich zu.

Mit freundlichen Grüßen

Max Mustermann

Betrieb

Max Mustermann

Musterstr. 7

77777 Musterhausen

7.5 Anhang V: Anschreiben von Microsoft

Microsoft

Musterhausen, 01.03.2010

Microsoft Deutschland GmbH

Konrad-Zuse-Straße 1

85716 Unterschleißheim

Betrieb

Max Mustermann

Musterstr. 7

77777 Musterhausen

Tel.: 0123 456789

Sehr geehrte Herr Mustermann,

vielen Dank für das nette und freundliche Gespräch vom 01.02.2010.
Hiermit schicke ich Ihnen die angeforderte Mac-Adresse in hexadezimaler
Schreibweise und wünsche Ihnen viel Spaß beim Programmieren Ihrer neuen
Maschinen mit dem Rechner. Ich hoffe die Mac-Adresse kommt noch rechtzeitig, da
Sie ja laut Telefonat unter Zeitdruck stehen.
Wenn Probleme auftauchen sollten, stehen wir gerne zur Verfügung.

Die Mac Adresse ist elektronisch erstellt worden:

Mac Adresse: **00 14 7A 66 *54111(16)***

Mit freundlichen Grüßen

TIM TAILER

Tim Tailer

Service Microsoft

Konrad-Zuse-Straße   1

85716 Unterschleißheim

7.6 Anhang VI: Erklärung der Mac-Adresse

Mechatronik		
Thema: Grundlagen Automatisierungstechnik MAC-Adresse	Berufsbildende Schulen	Emden
Klasse: BFEMA1 Lehrer: Trinus Bußmann	04.03.2010	Steinweg 25, 26721 Emden

Die **MAC-Adresse** (Media-Access-Control-Adresse, auch *Ethernet-ID*
oder *Airport-ID* bei Apple oder *Physikalische Adresse* bei Microsoft
genannt) ist die Hardware-Adresse jedes einzelnen Netzwerkadapters,
die zur eindeutigen Identifizierung des Geräts in einem Rechnernetz
dient.

1.   **2.**

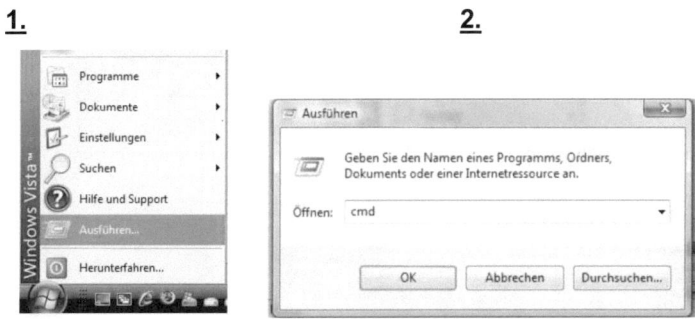

Eintippen von:

3. `C:\Users\Admin>ipconfig /all`

```
C:\WINDOWS\system32\cmd.exe                                        _|□|x|

Ethernetadapter LAN-Verbindung:

        Medienstatus. . . . . . . . . . . : Es besteht keine Verbindung
        Beschreibung. . . . . . . . . . . : SiS 900-Based PCI Fast Ethernet Adap
ter
        Physikalische Adresse . . . . . . : 00-03-0D-34-54-C3

Ethernetadapter Drahtlose Netzwerkverbindung:

        Verbindungsspezifisches DNS-Suffix: siemens
        Beschreibung. . . . . . . . . . . : Broadcom 802.11g Netzwerkadapter
        Physikalische Adresse . . . . . . : 00-14-A5-0A-A3-64
        DHCP aktiviert. . . . . . . . . . : Ja
        Autokonfiguration aktiviert . . . : Ja
        IP-Adresse. . . . . . . . . . . . : 192.168.1.2
        Subnetzmaske. . . . . . . . . . . : 255.255.255.0
        Standardgateway . . . . . . . . . : 192.168.1.1
        DHCP-Server . . . . . . . . . . . : 192.168.1.1
        DNS-Server. . . . . . . . . . . . : 192.168.1.1
        Lease erhalten. . . . . . . . . . : Donnerstag, 25. Februar 2010 13:47:2
1
        Lease läuft ab. . . . . . . . . . : Freitag, 26. Februar 2010 13:47:21

C:\Dokumente und Einstellungen\Trinus Bußmann>
```

7.7 Anhang VII: Aufgabenblatt

Mechatronik Thema: Grundlagen Automatisierungstechnik Aufgabenblatt	*Berufsbildende Schulen* **II** Emden
Klasse EFEMA1 Lehrer Trinus Bußmann	04.03.2010	

Umwandlung Dezimal in Dual und Hexadezimal

MAC-Adresse (MAC = Media Access Control):

Jede informationstechnische Komponente innerhalb eines Netzwerkes (PC, Router, Modem, Netwerk-Karte, WLAN-Adapter, etc.) erhält vom Hersteller eine physikalische MAC-Adresse, die das Gerät eindeutig identifiziert. Entweder findet man diese MAC-Adresse auf dem Typenschild oder sie ist softwaretechnisch auslesbar. Zugänge zu Netzwerken lassen sich mit Hilfe eines MAC-Filters festlegen, so dass nur Geräten mit eingetragener MAC-Adresse in der entsprechenden Filtertabelle der Zugang zum Netzwerk gewährt wird (Sicherungsoption).

Beispiel für eine MAC-Adresse: **00 1B 9F 4D *43962 (16)*** (WLAN-Adapter eines Laptop)

Die letzten 4 Hexadezimalzahlen sind als Dezimalzahl dargestellt. Ich bitte diese in Dual und dann in Hex. umzuwandeln.

Wie lautet die Dual- und Hexadezimalzahl? 11010001010110(2), ABBA(16)

Aus wie vielen Bits und Bytes besteht diese Adresse? 48Bits und 6Bytes

---

Software-Codes:

Bei der Onlinebestellung von Software (z.B. XBox-Spiele, Anwendungsprogramme, S7 etc.) benötigt man zum Freischalten und Registrieren der Software oft einen Produkt- oder Freigabeschlüssel zur Identifizierung. Dieser besteht häufig aus einer hexadezimalen Ziffernfolge.

Beispiel für einen Software-Freigabeschlüssel: **01 AF 7C 23 45054 (16)**

Die letzten 4 Hexadezimalzahlen sind als Dezimalzahl dargestellt. Ich bitte diese in Dual und dann in Hex. umzuwandeln.

Wie lautet die Dual- und Hexadezimalzahl? 1010101110111010(2), AFFE(16)

Aus wie vielen Bits und Bytes besteht diese Adresse? 64Bits und 8Bytes

Wie viele verschiedene Schlüssel ließen sich mit der Anzahl an Bits erzeugen? $2^{64}=18,45*10^{18}$

7.8 Anhang VIII: Zerlege- und Resteverfahren

Wandlung dezimal → dual

Zerlegeverfahren

$$54111 - 32768 = 21343 \rightarrow 1$$
$$21343 - 16384 = 4959 \rightarrow 1$$
$$4959 - 8192 = \quad\quad \rightarrow 0$$
$$4959 - 4096 = 863 \rightarrow 1$$
$$863 - 2048 = \quad\quad \rightarrow 0$$
$$863 - 1024 = \quad\quad \rightarrow 0$$
$$863 - 512 = 351 \rightarrow 1$$
$$351 - 256 = 95 \rightarrow 1$$
$$95 - 128 = \quad\quad \rightarrow 0$$
$$95 - 64 = 31 \rightarrow 1$$
$$31 - 32 = \quad\quad \rightarrow 0$$
$$31 - 16 = 15 \rightarrow 1$$
$$15 - 8 = 7 \rightarrow 1$$
$$7 - 4 = 3 \rightarrow 1$$
$$3 - 2 = 1 \rightarrow 1$$
$$1 - 1 = 0 \rightarrow 1$$

Resteverfahren

$$54111 : 2 = 27055 \quad \text{Rest: } 1$$
$$27055 : 2 = 13527 \quad \text{Rest: } 1$$
$$13527 : 2 = 6763 \quad \text{Rest: } 1$$
$$6763 : 2 = 3381 \quad \text{Rest: } 1$$
$$3381 : 2 = 1690 \quad \text{Rest: } 1$$
$$1690 : 2 = 845 \quad \text{Rest: } 0$$
$$845 : 2 = 422 \quad \text{Rest: } 1$$
$$422 : 2 = 211 \quad \text{Rest: } 0$$
$$211 : 2 = 105 \quad \text{Rest: } 1$$
$$105 : 2 = 52 \quad \text{Rest: } 1$$
$$52 : 2 = 26 \quad \text{Rest: } 0$$
$$26 : 2 = 13 \quad \text{Rest: } 0$$
$$13 : 2 = 6 \quad \text{Rest: } 1$$
$$6 : 2 = 3 \quad \text{Rest: } 0$$
$$3 : 2 = 1 \quad \text{Rest: } 1$$
$$1 : 2 = 0 \quad \text{Rest: } 1$$

Ergebnis:
54111(10)->1101 0011 0101 1111(2)->D3 5F(16)